KLEINE TEXTE FÜR VORLESUNGEN UND ÜBUNGEN
HERAUSGEGEBEN VON HANS LIETZMANN
166

AETNA

HERAUSGEGEBEN
VON
EDUARD SCHWARTZ

BERLIN
VERLAG VON WALTER DE GRUYTER & CO.
1933

Archiv-Nr. 33 32 33

Druck von Walter de Gruyter & Co., Berlin W 10

Einleitung

Das unter Vergils Namen überlieferte Gedicht Aetna muß vor dem Ausbruch des Vesuv im Jahre 79 verfaßt sein. Anklänge an Ovid ergeben einen *terminus post quem*; er muß erheblich hinuntergeschoben werden wegen der Sprache, über die Buecheler [Rh. Mus. 54, 7 = Kleine Schriften III 259] urteilt *sermonis . . . inhaerentis quidem priscis ac uetustis, desilientis tamen ad nouissima et licentissima.* Das führt auf neronische, wenn nicht vespasianische Zeit.

Der Verfasser hat sein Werk niemand dediziert, obgleich dies gerade bei Lehrgedichten die Regel war. Er war kein Berufspoet, der einen reichen Gönner und Beliebtheit beim Publikum für seine Existenz brauchte, sondern ein unabhängiger Mann, dem eine im Hochsommer [603] unternommene Besteigung des Aetna und ein möglicherweise erst dadurch veranlaßtes Studium der posidonianischen Theorien über das im Inneren der Erde tätige Pneuma hinreichend Schwung und Persönlichkeitsgefühl gaben, um sein von Natur nicht starkes Formtalent in Bewegung zu setzen. Es war innere Wahlverwandtschaft, die ihm gebot, sich an Lucrez und Manilius anzulehnen; Vergil als den Meister nachzuahmen und Ovids blendende Rhetorik zu benutzen, war längst ein unbedingtes Stilgesetz für jeden geworden, der lateinische Hexameter baute. Neue, originelle Formen zu finden, war auch für reichere und beweglichere Talente als der Aetnadichter war, damals eine Unmöglichkeit; was ihn auszeichnet, ist die ehrliche Begeisterung für seinen Stoff, für das, was ihm als Wissenschaft galt. Er dichtet zunächst für sich, und man möchte meinen, daß es ihm genügte, wenn er sein Werk im engsten Kreise seinen Freunden und Bekannten vortrug. Vor einem stadtrömischen Publikum würden die Verse [594—598] schwerlich haben rezitiert werden können, in denen Kunstwerke als Ziele weiter Reisen hingestellt werden, die längst nach Rom gebracht und dort täglich von jedem besichtigt werden konnten. Keine Spur führt darauf, daß das Gedicht gleich nach Vollendung in Rom bekannt wurde und einen Erfolg wie etwa der Culex hatte. Seneca weiß nichts von ihm; sonst hätte er es in ep. 79 erwähnen müssen. Freilich ist es möglich, daß es damals noch nicht erschienen war. Umgekehrt steht der Dichter zwar im Banne der Stilart, die die Klassizisten der nächsten Generation 'korrupt' nannten und deren glänzendster Vertreter Seneca war. So mag er um der Sprache willen Seneca gelesen haben; seine Kenntnisse und Theorien hat er nicht aus den Feuilletons entnommen, die jener über naturwissenschaftliche Fragen mit eleganter Lässigkeit hinwarf, sondern aus ernsthaften und wissenschaftlichen griechischen Schriftstellern, aller Wahrscheinlichkeit nach aus Posidonius selbst.

Irgendein Zufall, sicherlich nicht die Absicht des Verfassers, führte das Gedicht einem unternehmungslustigen römischen Buchhändler zu; durch den Erfolg des Culex und anderer Pseudovergiliana verlockt, brachte er es unter der Etikette Vergils an die Öffentlichkeit. Die Spekulation glückte; zwar wurden, wie Sueton bezeugt, Zweifel laut, drangen aber nicht durch; das große Publikum blieb dabei, das Gedicht für vergilisch zu halten. Es ist bezeichnend, daß Servius, wo er das aus der Vergilvita Donats übernommene Exzerpt aus Sueton wiedergibt, den Zweifel unterdrückt [vgl. Leo, Culex p. 18]. Dieser Pseudonymie ist es zu verdanken, daß das Gedicht aus dem Altertum ins Mittelalter hinübergerettet wurde.

Die dem echten Nachlaß Vergils nach und nach zugesellten Produkte, fast durchweg unechter Herkunft, sind nie von einem planmäßig arbeitenden Herausgeber zu einer Sammlung zusammengeordnet, doch wurden einzelne wenn nicht schon im ausgehenden Altertum, so sicherlich im frühen Mittelalter wegen ihres geringen Umfangs zu Gruppen vereinigt. So steht das Aetnagedicht in den mittelalterlichen Handschriften bald mit dem Culex zusammen, bald zwischen diesem und der Ciris oder wird mit der erst im Mittelalter entstandenen Sammlung vereinigt, die *septem ioca iuuenalia Vergilii* genannt wird, obgleich sie auch Stücke aus Ausonius enthält; vgl. Leo, Culex p. 19. Vollmer, Poetae Latt. minn. 1 p. 13.

Es ist ein vielleicht nur von denen, die sich noch mit den ungenügenden Apparaten von Sudhaus [1898] und Ellis [1901] haben herumschlagen müssen, in vollem Maße gewürdigtes Verdienst Vollmers, die für den Aufbau des Textes unentbehrlichen Handschriften mit musterhafter Akribie verglichen und im ersten Band der Poetae Latini minores [1909] einen Apparat zusammengestellt zu haben, der zwar schwerfällig, aber zuverlässig ist. Nur an einer Stelle [490] ist mir ein Versehen aufgestoßen, das auch in den von Morel besorgten Neudrucken von 1927 bis 1930 nicht berichtigt ist. Vollmer hat im Text *siluas*, ohne im Apparat etwas dazu zu notieren; nach dem Zeugnis von Sudhaus und Ellis haben die Handschriften *siluae*, *siluas* ist eine Konjektur Haupts.

Die von mir aus Vollmers Apparat übernommenen Handschriften, die das Gedicht als ein vergilisches überliefern, sind folgende:

C = Kk V. 34 nr. 2076 der Universitätsbibliothek von Cambridge, Pergamenthandschrift des 10. Jahrhunderts. Das Aetnagedicht folgt auf den Culex. Die Lesarten jenes wurden vollständig zuerst von Munro 1867 veröffentlicht.

S: einige als Einbanddeckel verwandte Blätter einer ehemals dem Kloster Stavelot gehörenden Pergamenthandschrift des 10./11. Jahrhunderts, die jetzt in den Cod. Parisin. 17177 eingeheftet sind. Nach Vollmer, der auf die Lesung dieser Reste alle nur denkbare Sorgfalt verwandt hat, sind vom Aetnagedicht mehr oder weniger gut lesbar und nicht oder nur mäßig beschädigt die Verse 1—170. 263—346; 171—258 sind fast abgerieben. Wo über die Hs. nichts ausdrücklich bemerkt ist, dürfen keine Schlüsse ex silentio gezogen werden. Das Aetnagedicht folgte auf die sog. *septem ioca iuuenalia Vergilii*.

Z: eine verlorene Handschrift, die das Gedicht zusammen mit der eben erwähnten Sammlung, den Elegien auf Maecenas, der Ciris, den Priapea und den Catalepton enthielt. Zu ihrer Rekonstruktion ist in erster Linie heranzuziehen die erste Hand des Helmstadiensis 332 (jetzt in Wolfenbüttel) s. XV; doch gibt es eine Anzahl von Stellen, in denen zwei ebenfalls junge Handschriften, eine, die aus der Bibliothek Wilibald Pirkheimers in die Arundeliana [133, im Britischen Museum] gelangt ist, und ein Rhedigeranus [Stadtbibliothek Breslau 125], nach dem Consensus mit *C* die Lesart von *Z* besser erhalten haben. Öfters allerdings interpolieren sie, meist verkehrt; doch kommen ebenso wie bei dem Korrektor der Helmstädter Hs. einzelne durch Vermutung gefundene Treffer vor, die nicht verschmäht werden dürfen. In solchen Fällen setze ich die Sigle Z^2, ohne weiter zu differenzieren. Wer damit nicht zufrieden ist, mag seine Neugierde durch Einsicht in den Vollmerschen Apparat stillen.

E: die in dem großen mittelalterlichen Dichterflorilegium des 12. Jahrhunderts enthaltenen Auszüge, die aus einer den Culex, Aetna und die Ciris enthaltenden Handschrift genommen sind. Vollmer hat sie, was besonders dankenswert ist, p. 8 ff. in ihrer überlieferten Form im Zusammenhang abgedruckt.

Die Überlieferung dieser Handschriften weicht wenig voneinander ab; die Annahme ist nicht zu umgehen, daß nur ein antikes

Exemplar des Aetnagedichts ins Mittelalter gelangt ist, auf das die Handschriften letzthin zurückgehen. In ihm muß Vergil als Verfasser unzweideutig bezeugt gewesen sein. Dem scheint freilich zu widersprechen, daß Lilius Gyraldus [1479—1552] in einer Claudianhandschrift auch das Gedicht *de Aetna monte* fand [vgl. die von Ellis p. LXV ausgehobene Stelle aus Gyraldus' Hist. Poet. 4, 372 der Basler Ausgabe von 1542]; er schrieb es deshalb, wenn auch zweifelnd, Claudian zu. Das setzt voraus, daß in der Handschrift Vergil als Autor nicht bezeugt war.

Weder die Handschrift selbst noch die Kopie, die Gyraldus nach seiner eigenen Aussage von dem Aetnastück anfertigte, haben sich erhalten. Aber in der Laurentiana befindet sich ein Exemplar einer 1482 in Vicenza erschienenen Ausgabe Claudians, in die eine Hand des ausgehenden Quattrocento Varianten, sei es aus einer, sei es aus zwei Claudianhandschriften eingetragen hat; dieselbe Hand hat auf Papierblättern, die jetzt dem Druck angeheftet sind [plut. XXXIII 9, vgl. Bandini, Catalog. codd. Latin. bibl. Laurent. 2 p. 96], Gedichte Claudians zusammengeschrieben, die offenbar aus der oder den kollationierten Handschriften entnommen sind und den Druck ergänzen sollten. Auf der ersten Seite stehen vor den auf derselben Seite beginnenden Claudianstücken die Verse Aetna 272—287 [von mir mit *G*ʃ bezeichnet] ohne jede Angabe des Autors oder des Werks, zu dem sie gehören. Das läßt sich nur so erklären, daß der Gelehrte, der die Vicentiner Claudianausgabe aus einer Claudianhs. ergänzte, in eben dieser Handschrift das Bruchstück des Aetna gefunden hatte. Damit ist ein Zusammenhang zwischen dieser Handschrift und der des Lilius Gyraldus gegeben; freilich ist das Bruchstück zu klein, als daß jener es einer ausführlichen Erwähnung gewürdigt haben könnte.

N. Heinsius hat jene der Hauptsache nach Claudianische Stücke enthaltenden Papierblätter des Laurent. XXXIII 9, die er *Schedae mediceae* nannte und für eine Abschrift aus der von Lilius Gyraldus gesehenen Handschrift hielt [vgl. Vollmer p. 23. 24], gesehen und eifrig, allerdings vergeblich nach der alten Handschrift gesucht, aus der sie kopiert sind. Er hat auch eine Kollation der 16 Verse aus dem Aetna in ein Exemplar von P. Pithous Epigrammata et Poematia [Paris 1590] eingetragen. Offenbar sah zu seiner Zeit der Laurent. 33, 9 nicht anders aus als jetzt; aber der kgl. dänische Rat Heinrich Ernst [vgl. über ihn Henning Witte, Diarium biographicum z. Jahr 1665, in dem er, 63 Jahre alt, starb], ein geborener Helmstedter, der längere Zeit in Florenz gelebt haben muß und es, wohl durch die Gunst der Königin Christine von Schweden, deren Agent ja auch Heinsius war, möglich machte, einen freilich dürftigen Katalog der Laurentiana herauszugeben, stellte ihm einen Codex Florentinus zur Verfügung, den, wenn ich den von dem jüngeren P. Burmann kopierten Eintrag des Heinsius in ein Exemplar der Pithouschen Epigrammata: *cod. Florentinum, quem inde habuit Ernstius* [Vollmer p. 20] richtig verstehe, Ernst in Florenz erworben hatte. Diese Handschrift enthielt nicht nur die 16 Verse des Aetna, die im Laur. 33, 9 vor den Claudianexzerpten stehen, sondern 138—287. Heinsius kollationierte sie und trug die Varianten in ein Exemplar der Pithouschen Epigrammata ein. Die Lesarten zu 272—287 sind dieselben wie die des Laurent. 33, 9; dieser und der codex Florentinus Ernsts gehen also auf dieselbe Handschrift zurück.

Aus diesen Tatsachen ergeben sich folgende Schlüsse. Ein paar Blätter einer Aetnahandschrift, auf denen die Verse 138—287 standen, waren durch einen Zufall in die Claudianhandschrift geraten, die Gyraldus um Claudians willen durchsah. Das Aetnabruchstück reichte aus, um ein Gedicht über den Aetna zu erschließen; mit dem Anfang und Ende des Ganzen waren die Zeugnisse über vergilischen Ursprung verlorengegangen. So schrieb der Entdecker das Gedicht, allerdings mit Vorbehalt, Claudian zu und kopierte das von ihm gefundene Stück. Daß er seinen Fund nicht dadurch verkleinerte, daß er ausdrücklich angab, das Gedicht sei nur unvollständig erhalten, ist verständlich. Sei es Gyraldus' Abschrift selbst, sei es eine davon genommene Kopie, sei es eine von Gyraldus unabhängige Abschrift der das Bruchstück enthaltenden Handschrift selbst wurde von Ernst in Florenz erworben und von Heinsius kollationiert. Eine zweite Abschrift fertigte der Gelehrte an, der die Hs., die Gyraldus sah, vor oder nach ihm mit der Vicentina Claudians verglich und diese aus ihr ergänzte; von den Ergänzungsblättern waren die ersten, die Aetna 138—271 enthielten, schon verlorengegangen, als sie in das in die Laurentiana übergegangene Exemplar eingeheftet wurden. Es ergibt sich also, daß der Zusammenhang des sog. Gyraldinus des Aetnagedichts mit der Claudianüberlieferung nur auf Zufall beruht und nicht ausschließt, daß die vollständige Aetnahandschrift, zu der jene in eine Claudianhandschrift hineingeratenen Blätter gehörten, das Gedicht ebenso wie die gesamte Überlieferung, Vergil zuschrieb.

Das Exemplar der Pithouschen Epigrammata et Poematia, in

das Heinsius seine Kollation des Codex Florentinus eingetragen hatte, ist verschollen. Im 18. Jahrhundert wurden zweimal, 1756 durch Joh. Christ. Cramer, 1797 durch Matthiae Varianten zu Aetna 138—287 veröffentlicht, die direkt oder mittelbar aus Heinsius' Kollation entnommen waren. Sie sind überflüssig geworden durch den Fund Alzingers, der 1899 in der Leidener Universitätsbibliothek [B 17. 754] ein Exemplar des 1619 in Genf erschienenen Nachdrucks von Pithous Epigrammata fand, in das der jüngere P. Burmann Heinsius' Kollation übertragen hatte. Vollmer hat diese Abschrift verglichen und sie mit Angabe des Textes, zu dem die Varianten angemerkt sind, p. 25 ff. abdrucken lassen. Aus diesem Abdruck habe ich die Lesarten des sog. Gyraldinus [*G*] zu Aetna 138—287 entnommen; daß nur die ausdrücklich notierten Varianten berücksichtigt werden dürfen und Schlüsse ex silentio unzulässig sind, versteht sich von selbst.

Unzweifelhaft entstammen die Lesarten von *G* zunächst einer, vielleicht mehreren Abschriften des 15. oder 16. Jahrhunderts; wie weit diese Abschriften die alte Hs. getreu wiedergeben, läßt sich nicht mehr nachprüfen, doch liegt kein greifbarer Anlaß zu übertriebener Skepsis vor.

Andrerseits kann der Wert der Varianten nur aus diesen selbst, nicht auf Grund der äußeren Bezeugung beurteilt werden. Daß eine ganze Anzahl den Text, wie ihn die übrigen Hss. bieten, entscheidend verbessern, ist evident. Ebenso evident aber ist oder sollte es sein, daß recht viele Lesarten Verschreibungen und, was schlimmer ist, Interpolationen darstellen, daß ferner nicht selten aus den Fehlern von *C* und seiner Sippe das Richtige leicht gefunden werden kann, während in *G* Schlimmbesserungen den Weg zur Emendation hoffnungslos versperren. Endlich fehlt es auch nicht an Versen, die sich ohne Gewaltsamkeiten herstellen lassen, wenn *CSZ* und *G* kombiniert werden. Das spricht dagegen, die Abschreiber der Humanistenzeit für die Fehler und Willkürlichkeiten von *G* verantwortlich zu machen; sie sehen vielmehr nach Versuchen aus, die ein die Technik des Hexameters und die lateinische Dichtersprache leidlich beherrschender Schreiber karolingischer Zeit unternahm, um an Stellen, mit denen er nicht zurechtkam, einen zur Not verständlichen oder von ihm dafür gehaltenen Text herzustellen. Hält man damit zusammen, daß er daneben auch Richtiges bewahrt hat, so liegt die Vermutung nahe, daß die von dem Schreiber des alten Codex, auf den *G* zurückgeht, benutzte Abschrift des antiken, an vielen Stellen beschädigten oder schwer lesbar gewordenen Exemplars, gelegentlich besser war als die, die *CSZ* zugrunde liegt, nicht selten aber als so mangelhaft erschien, daß der karolingische Schreiber glaubte eingreifen zu müssen. Durch eine solche Hypothese wird die Bahn frei für eklektische, vorurteilsfreie Kritik; es war nicht gut, daß die modernen Herausgeber meinten, sich mit radikaler Ausschließlichkeit entweder für *C* und seine Sippe oder für *G* entscheiden zu müssen.

Zu besonderem Dank bin ich meinem Kollegen Stroux verpflichtet, der auf meine Bitte das Manuskript durchgesehen hat; der Früchte, die diese Durchsicht gezeitigt hat, sind mehr als im Apparat in Erscheinung tritt.

München, im Oktober 1932

E. Schwartz

Aetna mihi ruptique cauis fornacibus ignes
et quae tam fortes uoluant incendia causae,
quid fremat imperium, quid raucos torqueat aestus,
carmen erit. dexter uenias mihi carminis auctor,
seu te Cynthos habet seu Delo gratior illa
quae tibi Dodona potior, tecumque fauentes
in noua Pierio properent a fonte sorores
uota: per insolitum Phoebo duce tutius itur.
aurea securi quis nescit saecula regis,
cum domitis nemo Cererem iactaret in aruis
uenturisque malas prohiberet fructibus herbas,
annua sed saturae complerent horrea messes,
ipse suo flueret Bacchus pede mellaque lentis
penderent foliis et pingui Pallas oliuae,
secretos amnis ageret cum gratia ruris?
non cessit cuiquam melius sua tempora nosse.
ultima quis tacuit iuuenum certamina Colchos?
quis non Argolico defleuit Pergamon igni
impositam et tristi natorum funere mensam
auersumue diem sparsumue in semina dentem?
quis non periurae doluit mendacia puppis
desertam uacuo Minoida litore questus?
quicquid et antiquum, iactata est fabula: carmen
fortius, ignotas molimur pectore curas.
qui tanto motus operi, quae causa perennis
explicet in densum flammas et trudat ab imo

5. 6 illa — potior *significat Delphos*; *Stroux suppeditat Prop. 2, 21, 3*
15 *cf.* Φ 257—262; *in aureo saeculo non opus erat labore riuulos ducendi*

CSZ] **6. 5** *coll. Z* **5** cynthos *CS* cynthus *Z* / delos *CZ* dolos *S* Delost *Munro* / ila *C* **6** quae *scripsi* seu *CSZ* **9** quis *Itali* qui *CSZ* **10** iactaret *Z* lactaret *CS* **11** uenturis *C* / malas *Itali* malis *CSZ* / fructibus Z^2 fluctibus *CSZ* **13** melia-que *S* **15** cum *Itali* tum *CSZ* **16** non cessit *CZ* concessit *S* **19** mensam *scripsi* mentem *CSZ* matrem Z^2 *cf. Ovid. amor. 3, 12, 39 Manil. 3, 19* **20** aduersumue *Z* / semina *Scaliger* semine *CSZ* **23** et in *S* in, *superscr.* scilicet et *C* in *Z* / *post* fabula *distinxit Leo* **25** operit *Z* / causa perennis *Itali* tanta perenni *CSZ*

ingenti sonitu moles et proxima quaeque
ignibus irriguis urat, mens carminis haec est.

Principio ne quem capiat fallacia uatum
sedes esse dei tumidisque e faucibus ignem
Volcani ruere et clausis resonare cauernis
festinantis opus. non est tam sordida diuis
cura neque extremas ius est demittere in artes
sidera; subducto regnant sublimia caelo
illa neque artificum curant tractare laborem.
discrepat a prima facies haec altera uatum:
illis Cyclopas memorant fornacibus usos,
cum super incudem numerosa in uerbera fortes
horrendum magno quaterent sub pondere fulmen
armarentque Iouem. turpe et sine pignore carmen.
proxima uiuaces Aetnaei uerticis ignes
impia sollicitat Phlegraeis fabula castris.
temptauere, nefas, olim detrudere mundo
sidera captiuique Iouis transferre Gigantes
imperium et uicto leges imponere caelo.
his natura sua est aluo tenus, ima per orbes
squameus intortos sinuat uestigia serpens.
construitur magnis ad proelia montibus agger;
Pelion Ossa grauat, summus premit Ossan Olympus.
iam coaceruatas nituntur scandere moles,
impius et miles metuentia comminus astra
prouocat infestus cunctos ad proelia diuos
prouocat admotisque ⟨ad⟩ tertia sidera signis

30—32 *cf. Philostrat. uit. Apollon. 5, 16* **53** *de caeli regione summa cui subiectae sunt regiones stellarum fixarum et errantium cf. Cic. de rep.* 6, *17. Manil. 1, 803. 804. 809.* [*Aristot.*] *de mundo 2* **53—55** *cf. Epimenidem frg. 8 Diels*

CSZ] **27** moles et *CS* mollescent *Z* **28** carminis — est *om. S* **30** tumidis *S* **33** extrema uis *Z* / demittere *Itali* dimittere *CSZ* **38** fortes *Itali* fontes *CSZ* **39** fulmen Z^2 flumen *CSZ* **40** armare *nihil amplius in versu vacuo S* / et *Itali* est *CZ* **42** sollicitet *Z* **46** sua est *CS* suae *Z* / ima *CS* una *Z* **47** intortos *Itali* intortas *CS* intortus *Z* **49** Peleon ossa *Z* Pelonossa *S* Peloniossa *C* / grauat *Jacob* creat *CSZ* **52** prouocat *corruptum* pulsat et *conieci* impetit *Stroux* **53** admotisque — signis] *spatium* admotis *spatium Z* / ad *addidi*

Iuppiter e caelo metuit dextramque corusca
armatus flamma remouet caligine mundum.
incursant uasto primum clamore Gigantes;
hinc magno tonat ore pater geminantque fauentes
undique discordes comitum simul agmine uenti,
densa per attonitas rumpuntur flumina nubes
atque in bellandum quae cuique potentia diuom
in commune uenit, iam patri dextera Pallas
et Mars seuuserat, iam cetera turba deorum
stant utrimque duci. ualidos tum Iuppiter ignis
increpat et iunctos proturbat fulmine montes.
illinc deuictae uerterunt terga ruina
infestae diuis acies atque impius hostis
praeceps cum castris agitur materque iacentes
impellens uictos. tum pax est reddita mundo,
tum liber cessata uenit per sidera, caelum
defensique decus mundi nunc redditur astris.
gurgite Trinacrio morientem Iuppiter Aetna
obruit Enceladon, uasto qui pondere montis
aestuat et petulans expirat faucibus ignem.
  haec est mendosae uolgata licentia famae.
uatibus ingenium est, hinc audit nobile carmen.
plurima pars scaenae uatum est fallacia; uates
sub terris nigro uiderunt agmine manes
atque inter cineres Ditis pallentia regna
mentiti uates, Stygias undasque canentes

---

67. 68 *cf. quae de Ambronum feminis narrat Plut. Mar. 19* **76** scaenae = *apparatus cf. Sueton. Gaius* 15. *Tac. ann. 14*, 7

CSZ] **54** dextraque *Z* / corusca *Jacob* coruscam *CSZ* **55** admotus *Z* / flammam *Z* **57** hinc *Scaliger* hic *CSZ* / fauentes] fragorem *Stroux* **59** fulmina *Z* **60** et que *Z* **60. 61** bellandum — Pallas *om. Z* **62** seuuserat *CSZ corrupte, conicio* occursant, laeuus erat *Bormans* **63** utrumque *Z* / duci *scripsi* deus *CZ* de . . (*duabus litteris in spatio omissis*) S **64** iunctos *Stroux cf. Verg. Georg. 1*, *283* uinctos Z^2 uicto *CSZ* iacto *Itali* / fulmine *SZ* flumine *C* **65** deuinctae *S* / ruina *scripsi* ruinae *CSZ cf. 169* **66** infeste *Z* inferte *CS* **67** praeceptis *C* / mateque *S* **69** liber *scil.* mundus [= κόσμος] / cessata *Unger Hildebrandt Ellis* cessat *CS* cessa *Z* **71** curcite *CS* **72** uastoque *CS* uasti qui *Z* **73** petulans *Z* petula in se *CS* **76** scenea *Z* / uatum *Haupt* rerum *CSZ* **77** subternis *Z* / nigro — agmine *Haupt* nigros — carmine *CSZ*

hi Tityon poena strauere in iugera foedum,
sollicitant illi te circum, Tantale, poena
sollicitantque siti, Minos tuaque, Aeace, in umbris
iura canunt idemque rotant Ixionis orbem,
quicquid et interius falsi sibi conscius horret.
nec tu, terra, satis: speculantur numina diuum
nec metuunt oculos alieno admittere caelo.
norunt bella deum, norunt abscondita nobis
coniugia et falsa quotiens sub imagine peccent
taurus in Europen, in Ledam candidus ales,
Iuppiter ut Danaae pretiosus fluxerit imber.
debita carminibus libertas ista, sed omnis
in uero mihi cura: canam quo feruida motu
aestuet Aetna nouosque rapax sibi congerat ignis.

Quacumque immensus se terrae porrigit orbis
extremique maris curuis incingitur undis,
non totum ex solido densum. namque omnis hiatu
secta est intus humus penitusque cauata latebris
exiles suspensa uias agit utque animanti
per tota errantes percurrunt corpora uenae,
ad uitam sanguis omnis qua commeat, isdem
terra uoraginibus conceptas digerit auras.
scilicet aut olim diuiso corpore mundi
in maria ac terras et sidera sors data caelo
prima, secuta maris deseditque infima tellus,
sed tortis rimosa cauis et qualis aceruus
exilit imparibus iactis ex tempore saxis,
ut crebro introrsus spatio uacefacta charybdis
pendeat in sese, simili quoque terra figura

CSZ] **80** *in versu vacuo nihil nisi* H *scripsit S* **84** sibi *om. Z* / conscius horret *scripsi* conscia [consortia *Z*] terrent *CSZ* **85** tu *CS* ut *Z* **86** metunt *C* **91** omnis *CZ* iştnnis *S* **93** aestuat *Z* / congregat *S* **95** incingitur *CS* hic igitur *Z* **96** ex *Ellis* et *CSZ* / solido *CS* solidum *Z* / densum *Birt* densum est *Vollmer* desunt *CSZ* / hiatus *Z* **97** intus *Sudhaus* omnis *CSZ* **98** agit utque *Itali* agiturque *CS* agit inque *Z* **100** commeat *Z* cum meat *CZ* / isdem *Leclerc Schmid* idem *CSZ* **101** dirigit *Z* **105** totis *Z* / aceruans *Z* **106** exiit *Z* **107** crebro *Z* crebrer *C* crebor *S* / introssus *S* / *post* spatio *in hoc versu nihil perscripserunt Z* uacefacta *Bücheler* uacat acta *CS* uacuata *Itali* / carinis *corr. in* charims *S* **108** figura *Itali* futurae *CSZ*

in tenuis laxata uias non omnis in artum
nec stipata coit, siue illi causa uetusta est
nec nata est facies, sed liber spiritus intra
est fugiens molitus iter seu nympha perenni
edit humum limo furtimque obstantia mollit
aut etiam inclusi solidum uicere uapores
atque igni quaesita uia est siue omnia certis
pugnauere locis, non est hic causa docenda,
dum stet opus causae. quis enim non credit inanis
esse sinus penitus, tantos emergere fontes
cum uidet ac terras uno semergere hiatu?
nata ille ex tenui quocumque agat, apta necesse est
confluuio errantes arcessant undique uenas,
ut trahat ex pleno quod fortem congerat amnem.
flumina quin etiam latis currentia riuis
occasus habuere suos, aut illa uorago
derepta in praeceps fatali condidit ore
aut occulta fluunt tectis adoperta cauernis
atque inopinatos referunt procul edita cursus.
quod ni diuersos emittat terra canales
hospitium fluuium [aut] seu metam, nulla profecto
fontibus et riuis constet uia pigraque tellus
conferta in solidum segni sub pondere cesset.
quod si praecipiti conduntur flumina terra,

---

118. 119 *de aquis quae ex terrae motu prorumpunt* [*cf.* *133*] *cf. Athen. 8 p. 332*^{f} [*Arist.*] *de mundo p. 396*^{a} *4.* **120—122** *cf. Senec. NQ 3, 15*^{8}

CSZ] **109** omnes *C* / arcum *Z* **111** nec *Z* haec *CS* / intrat *S* **112** est fugiens *scripsi* effugiens *CSZ* / inter *C* / seu *CS* sed *Z* / lympha *Z* **113** limum *Z* / mollis *uel* moli *Z* **114** haud *Z* / uicere *Sevin* uidere *CSZ* **116** docenda *Leclerc* dolendi *CSZ* docendi *Itali* **117** non (*om. S*) credit inanis *CS* *om. Z* **118. 119** fontes — semergere *om. S* **118** fontis *C* **119** terras *scripsi* torres *C* torrens C^{corr} *Z* / semergere *corrupta, conicio* subuertere **120** nata *Bücheler* nam *CS* non *Z* / quocumque *Sudhaus* uocemque *CSZ* **121** cum fluuio *C* cum fluuia *S* confluuia *Z* / uenas *CS* et undas *Z* **122** ut *Munro* et *CSZ* / fortem CS^{corr} fontem *S* fonte *Z* / congerat *Stroux* contrahat *CSZ* **125** derepta *Leclerc* direpta *Z* direptam *CS* **126** cauernis *Z* auernis *CS* **128** ni *Jacob* si *CSZ* **129** fluuium *CS* fluminum *Z* / aut *deleui* / seu metam *scripsi* semita *CS* semina *Z* **131** conferta *Itali* conserta *CSZ* / segnis *Z* **132** terrae *Z*

condita si redeunt, si quaedam incondita surgunt,
haud mirum, clausis etiam si libera uentis
spiramenta latent. certis tibi pignera rebus
atque oculis haesura tuis dabit ordine tellus.
immensos plerumque sinus et iugera pessum
intercepta licet densaeque abscondita nocti
prospectare; procul chaos ac sine fine ruinae
cernis et in siluis spatioque cubilia retro
antraque demissas penitus fodisse latebras.
incomperta uia est operum, tantum effugit intra.
argumenta dabunt ignoti uera profundi,
tu modo subtiles animo duce percipe curas
occultamque fidem manifestis abstrahe rebus.
nam quo liberior quoque est animosior ignis
semper in inclusis nec uenti segnius iras
sub terra penitusque mouent, hoc dura necesse est
uincla magis soluant, magis hoc obstantia pellant.
nec tamen in rigidos exit contenta canales
uis animae flammaeue: ruit qua proxima cedunt,
oblicumque secat qua uisa tenerrima causa est.
hinc terrae tremor, hinc motus, ubi densus hiantes
spiritus exagitat uenas cessantiaque urget.
quod si spissa foret, solido si staret in omni,
nulla daret miranda sui spectacula tellus
pigraque et in pondus conferta immobilis esset.
sed summis si forte putas concrescere causis

CSZ, *G* [*inde a* 138]] **133** quaedam *Bormans* qua etiam *CSZ* **134** clausis *Z* classis *CS* / etiam *CZ* et *S* **136** tuis *CS* uis *Z* **137** inmensum *Z* **138** intercepta *CS* inter cetera *Z* / licet *G* leget *CSZ* / densa — nocte *G* **139** procul *om.* *G* / ac *CSZ* et *G* / ruinas *G* **140** spatioque *CSZ*, *conicio* quandoque, spatiosa *Itali* **141** demissa *CSZ* demersas *G* / penitus *G* pedibus *CSZ* / latebras *G* latebris *CSZ* **142** operum *CSZ* aeri *G* / effugit *G* effluit *CSZ* / ultra *G* **147** uenti segnius *scripsi* uentis [uectus *Z*] segnior *CSZ G* / iras *scripsi* ira est *CSZ* **148** dura *scripsi* plura *CSZ* **150** rigidos *CSZ* riuos *G* / exit *CS* hesit *Z* **151** uis animae *CS* uisa nimie *Z* / flammaeue ruit *G* flamma uerrit *CS* flamma neurit *Z* / qua *Itali* quam *CSZ* **152** secant *G* / qua *CSZ* quae *G* / uisa *CSZ* caussa *G* / causa est *CSZ* claustra *Unger*, *sed cf.* 354; *latet uox Graeca* τὸ ὑποκείμενον *i. e. substantia* **153** hiantes *G* hiatu *CSZ* **155** solidos instaret *Z* / in omni *G* in amni *CS* inmani *Z* **157** conferta *G* confert *CSZ* **158** concrescere *G* concredere *CS* congredere *Z*

tantum opus et summis alimentum uiribus, ora
qua patula in promptu cernis ualidosque recessus,
falleris et nondum tibi lumine certaque retro.
namque illis quocumque uacant, hiat impetus omnis
et sese introitu soluunt adituque patenti
conceptae languent uires animosque remittunt.
quippe ubi quod teneat uentos acuatque morantis,
in uacuo defit, cessant tantumque profundi
explicat errantis et in ipso limine tardat:
angustis opus est turbanti faucibus, illo
feruet opus densaque premit premiturque ruina
nunc Euri Boreaeque Notus, nunc huius uterque.
hinc uenti rabies, hinc saeuo quassat hiatu
fundamenta soli, trepidant urbesque caducae
inde; neque est aliud, si fas est credere mundo
uenturam antiqui faciem, ueracius omen.
  haec imo cum sit species naturaque terrae
introrsus cessante solo trahat undique uenas,
Aetna sui manifesta fides et proxima uero est.
non illi duce me occultas scrutabere causas,
occurrent oculis ipsae cogentque fateri.
plurima namque patent illi miracula monti.
hinc uasti terrent aditus merguntque profundo,
porrigit hinc artus, penitus quos aestuat ultra.

C, *S* [*inde a* 171 *multa perierunt*], *ZG*] **159** subitis *G* / oris *CSZG* **160** qua *Ellis* quae *CSZ* / patula *G* ualida *CSZ* / ualidosque *CSZ* uastosque *G*, *conicio* patulosque **161** falleris et *G* fallere sed *CSZ* / tibi lumine certaque retro *CSZ* certo tibi lumine res est *G* **162** illis *G* illuc *CSZ* / quocumque *Z* quodcumque *CS* quaecumque *G* / uacant *G* uacat *CSZ* / hiat impetus *CS* hiatum pecus *Z* hiatibus *G* **163** sese *CSG* rosae *Z* **164** conceptae *G* conuersae *CSZ* **165** quod teneat *Haupt* contineat *CZ* continuat *S* qui teneat *G* / uentos acuatque *Munro* uentosa qua [qua *om.* *Z*] quaeque [quasque *G*] *CSZG* **166** defit *G* desint *CSZ* / cessa *Z* **167** limite *G* / tardat *Itali* tardant *CSZ* trudunt *G* **168** turbanti *G* turbant in *CSZ* / illo *G* illos *CSZ* **169** densaque premit *G* densique premunt *CSZ* / premiturque *CS* premita *Z* premitque Z^2 / ruinas *Z* **170** nunc euri *G* hinc furtim *CSZ* / notus *G* noto *CSZ* / uterque *Itali* uterque est *CSZG* **171** hinc^1 Z^2 hic *CZ* **172** soli *G* solo *CZ* **173** *post* inde *distinxit Ellis* **175** imo *Matthiae* immo *G* primo *CZ* imae *Schrader* / species *CZG* facies *S* / naturaue *G* **176** trahat *G* trahit *CSZ* **178** illi *G* illinc *CZ* **179** ipsae *Itali* ipsi *CSZ* **182** porrigit *G* corrigit *CZ* / hic *CZ* / quos *CS* - que *ZG* / aestuat *scripsi* exaestuat *G* exigit *CSZ*

hinc scissae rupes obstant discordiaque ingens
inter opus, nectunt uarie mediumque coercent
pars igni domitae, pars ignes ferre coactae
[ut maior species Aetnae succurrat inanis].
haec tibi tantarum sedes atque area rerum est,
haec operis uisenda sacri faciesque domusque.
nunc opus artificem incendi causamque reposcit.
non illam paruo aut tenui discrimine signis
mille sub exiguo ponent tibi pignore, uera
res oculique docent, res ipsae credere cogunt.
quin etiam tactu moneant, contingere tuto
si liceat: prohibent flammae custodiaque ignis
illi operum est, arcent aditus diuinaque rerum,
ut maior species Aetnae succurrat inanis, 186
cura sine arbitrio est. eadem procul omnia cernes, 196
nec tamen est dubium, penitus quis torqueat Aetnam
aut quis mirandus tantae faber imperet arti.
pellitur exustae glomeratus nimbus harenae,
flagrantes properant moles, uoluuntur ab imo
fundamenta, fragor tota nunc rumpitur Aetna,
nunc fusca pallent incendia mixta ruina.
ipse procul magnos miratur Iuppiter ignes
neue sepulta noui surgant in bella Gigantes
neu Ditem regni pudeat neu Tartara caelo
uertat: in occulto tantum premit omniaque extra

C, *S* [*multa perierunt*], *ZG*] **183** spissae *CZ* **184** uarie *scripsi cf. 398* uaries *CSZ* aliae *G* **186** *hoc loco del. Ellis* **187** tibi *scripsi* illi *G* illis *CSZ* / sedes atque *scripsi* sedesque *CSZ* / area rerum *Z* arearum *CS* **188** *G*, *om. CSZ* / operi *G* **189** incendii *G* incendia *SZ* / caussaque *G* / poposcit *G* **190** paruo aut tenui discrimine signis *G* parui aut tenuis discriminis ignes *CSZ* **191** exiguum *G* / ponent [*scil.* res oculique] tibi [ibi *S*] *SZ* ponentibus *C* uenient tibi *G* / pignore *scripsi* pignora *G* tempora *CSZ* tempore Z^2 / uera *CSZ* tempus *G* **192** oculique docent *CZ* oculos ducent *G* / cogent *G* **193** moneant Z^2 moneat *CSG* monet *Z* / tuto *G* toto *CSZ* **195** operum *C* opertum *Z* operi *G* / aditus *CG* adhitus *S* ditis *Z* / **186** *hoc loco om. G* **196** cernes *C* certes *S* cernis *Z* **197** quis *G* quin *CSZ* / torreat *G* / Aetnam *Scaliger* aethna *CSZ* **198** imperet *Itali* imperat *CSZG* **199** exustae *Itali* exutae *CZ* exhaustae *G* / glomeratus *Itali* glomeratur *CZ* glomerantur *S* glomeratim *G* **200** uoluntur *C* **203** magnos *CSZ* tantos *G* **204** ne *G* **206** uertat Z^2, uertant *C* uertunt *Z* / premit [*scil.* congeries] *CSZ* tremit *G* / omniaque extra *G* omnia dextra *CSZ*

congeries operit saxorum et putris harena.
quae nec sponte sua saliunt nec corporis ulli
sustentata cadunt robustis uiribus; omnes
exagitant uenti turbas. hac uertice saeuo
in densum collecta rotant uoluuntque profundum,
hac causa spectata ruunt incendia montis.
spiritus inflatis nomen, languentibus aer.
nam prope nequiquam semper uiolentia, semper
ingenium uelox igni motusque perennis,
uerum opus auxilium est ut pellat corpora. nullus
impetus est ipsi; qua spiritus imperat, audet.
hic princeps magnoque sub hoc duce militat ignis.

Nunc quoniam in promptu est operis natura solique,
unde ipsi uenti, quae res incendia pascit,
cum subito cohibentur, inest quae causa silenti,
subsequar. immensus labor est, sed fertilis idem;
digna laborantis respondent praemia curis.
non oculis solum pecudum miranda tueri
more nec effusos in humum graue pascere corpus,
nosse fidem rerum dubiasque exquirere causas,
sacrare ingenium caput adque attollere caelum,
scire quot et quae sint magno natalia mundo

210—212 *incendia interna et externa* [spectata] *inter se opponuntur*

C, *S* [*multa perierunt, inde a 215 partim aegre legitur*], *ZG*, *E* [222 *inde a* inmensus. 223. 228. 229. 226 [principia et rerum — causas]] **207** operit *Itali* operis *CSZ* / xasorum *S* / arenae *G* **208** saliunt *Stroux* faciunt *CSZ* ueniunt *G* / ulli *CSZ* ullis *G* **209** robusti *G* **210** exagitant *G* exigitur *CZ* uenti turbas ac [a *C*] *CG* uertitur basa *Z* **211** collecta *G* coniecta *CZ* / profundum *scripsi* profundo *CZ* **212** hac Z^2 haec *CG* nec *Z* / causa *CZ* causae *G* / expectata *CSZ* expectanda *G* / ruunt *CZ* terunt *G* **214** prope nequiquam [nequicquam *G*] *CG* pro pena quicquam *Z* / semper *scripsi* par est *CZ* pars est *G* / semper *CZ* flammae *G* **215** igni *Leclerc* illi *CSZ* **217** ipsi *CZ* id si *S* / audet *G* audit *CSZ* **218** hic *Schrader* hinc *CSG* nunc *Z* / magnoque *Munro* magnosque *CSZ* magnus qui *G* **219** operi *Z* **220** unde *G* una *CSZ* **221** cur *G* / cohibentur *Matthiae* cohibetur *CSZ* cohibent *G* / inest *CSZ* iners *G* / silendi *G* **223** digna *CSZE* pigra *G* / laborantis *CSZE* laboratis *G* **224** tueri *G* fuere *CSZ* uidere *E* **225** effusos *Wernsdorf* effusis *CSZE* **226** nosce *Z* / rerum *GE* rebus *CSZ* **227** sacrare ingenium *scripsi* sacra per ingentem *CSZ* ingenium sacrare *G* / caput adque *scripsi* capitique *CSZ* caputque *G* / caelo *G* **228** natalia *CSE* talia *Z* fatalia *G*

principia, occasus metuunt an saecula pergunt
et firma aeterno religata est machina uinclo,
solis scire modum et quanto minor orbita lunae [est]
ac breuior cursu bis senos peruolet orbes,
annuus ille meet, quae certo sidera currant
ordine quaeue suos errent incondita cursus,
scire uices etiam signorum ⟨et⟩ tradita iura,
sex cum nocte rapi, totidem cum luce referri,
nubila cur iris caelo denuntiet imbres,
quo rubeat Phoebe, quo frater palleat igni,
tempora cur uarient anni primaque iuuenta
cur aestate perit, cur aestas ipsa senescit
autumnoque obrepit hiemps et in orbe recurrit,
axem scire Helices et tristem nosse cometen,
Lucifer unde micet quaue Hesperus, unde Bootes,
Saturni quae stella tenax, quae Martia pugnax,
quo rapiant nautae, quo sidere lintea tendant,
scire uias maris et caeli praediscere cursus,
quo uocet Orion, quo Sirius incubet index,
nec quaecumque iacent tanto miracula mundo,
non digesta pati nec aceruo condita rerum,
sed manifesta notis certa disponere sede
singula diuina est animi ac iucunda uoluptas.

236 *cf. Gemin. isag. 7*

C, *S* [*partim aegre legitur*], *ZG*, *E* [231—233. 234 ordine *nihil amplius.* 235. 237—251. 224. 225]] **229** an *Leclerc* ad *CSZ* **230** uinclo *CG* mundo *SZ* **231** lunae *scripsi* lunae est Z^2*E* luna est *CSZ* **232** ac *scripsi* haec *CS*Z^2*E* hoc *G* ehaec *Z* / cursu bis senos *CSG* cur subisse *Z* cur bis senos cito *E* / peruolet *CSZE* peruolat *G* / orbis *Z* **233** meet *E* monet *CS* mouet *GZ* / sidera *E* sidere *CSZ* **234** suo errant *CSZ* suos seruent *G* / cursus *Munro* cura *CSZ* motus *G* **235** et *Itali om. CSZE* / iura *CSZ* cura est *E* **236** *om. CSZE* **237** iris caelo *Stroux cf. Arat 940 Verg. Georg. 1, 380 Ouid. met. 1, 271 Manil. 1, 713* caelo terris *CSZE* panope caelo *G* **238** iubeat *E* / pelleat *S* / igne *GE* **239** uarient *CSG* uariant *ZE* / primaque *CSZE* uer prima *G* **240** cur *ZG* cura *CS* uer *E* / cur *SZE* cura *C* **242** nosce *Z* / cometem *ZE* **243** boetes *ZE* **244** mastia *C* **245** tendant *CSZE* pandant *G* **246** praedicere *ZE* **247** quo *CSZE* qua *G* / uocet *G* uolet *CSZE* / sirius *Itali* setius *CSZ om. spatio relicto E* / incubet *CSZE* excubet *G* **248** nec *scripsi* et *CSZE* **249** digesta *CSZE* congesta *G* **250** certa *ZE* cerata *CS* **251** uoluntas *E*

sed prior hac hominis cura est cognoscere terram
et quae illinc miranda tulit natura, notare,
haec nobis magis affinis caelestibus astris.
nam quae mortali spes quaeue amentia maius
in Iouis errantem regno perquirere uelle,
tantum opus ante pedes transire? hac pergere segnes
torquemur miseri in paruis premimurque labore.
scrutamur rimas et uertimus omne profundum,
quaeritur argenti semen, nunc aurea uena,
torquentur flamma terrae ferroque domantur,
dum sese pretio redimant uerumque professae
tum demum uiles taceant inopesque relictae.
noctes atque dies festinant arua coloni,
callent rure manus, glebarum expendimur usu.
fertilis haec segetique feracior, altera uiti,
haec plantis humus, haec herbis dignissima tellus,
haec dura et melior pecori siluisque fidelis,
aridiora tenent oleae, sucosior ulmis
grata. leues cruciant animos et corpora causae
horreaque ut saturent, tumeant et dolia musto
plenaque desecto surgant faenilia campo:
sic auidis semper quoduis est carius ipsis.
implendus sibi quisque bonis est artibus: illae

CSZG, *E* [258. 262. 263. 261. 259. 260. 264—272] *GJ* [*inde a* 272 *usque ad* 287]] **252** hac *Schrader* haec *CSZ* / hominis *S ut videtur*, *Z* dominis *C* omni *G* **253** et quae illinc *scripsi* et quae nunc *CSZ* quaeque in ea *G* **254** magis *G* magna *CSZ* **255** mortali *G* mortalis *CSZ* / spes quaeue *CSZ* cuiquam est *G* / amantia *Z* / maius *Z* maior *C* **256** uelle *CSZ* diuos *G* **257** hac *scripsi* ac *CSZG* / pergere *scripsi* perdere *CSZ* / segne est *G* **258** premimurque *CSZE* terimurque *G* / laborem *Z* **259—261** *hic habuisse uidetur G post 279 coll. CSZ* **261** torquentur *CSZE* torrentur *G* / domantur *CSE* domantis *Z* **262** *abscissus in S* / ut *E* / professae *CE* professa est *Z* **263** tum demum] turpe silent *E* / uiles taceant *CSZ* humilesque iacent *G* artes uiles *E* **264** festinant *EZ* festinent *CS* **265** rura *S* / expendimur usu *scripsi* expellimur usu *CSZE* expendimus usum *G* **266** segetique *CSZE* segetis *G* **267** plantis *G* platanis *CSZE* **268** dura et *E* duro *G* diuiti *CSZ* / sillisque *S* **269** ulmis *E* ulmus *CSZ* **271** horreaque ut *G* horrea uti *CSZE* / sature *G* / et *CSZE* ut *G* / dolea *CS* **272** planaque *Z* / fienilia *C* fenialia *S* **273** auidis *Matthiae* auidi *CSZG* / quoduis *Malzacher olim Seminarii Friburgensis sodalis* quouis *G* qua uisum *CSZ* / carius *CS* carnis *Z* carior *G* / ipsis *G* istis *CSZ* **274** illae *G* illis *CSZ*

sunt animi fruges, haec rerum maxima merces
scire quid occulto natura terra coercet,
nullum fallere opus, non stultum cernere sacros
Aetnaei montis fremitus animosque furentis,
non subito pallere sono, non credere supter
caelestis migrasse minas aut Tartara rumpi,
nosse quid intendat uentos, quid nutriat ignes,
unde repente quies et multo foedere pax sit.

Cum crescant animae penitus, seu forte cauernae
introitusque ipsi seruent seu terra minutis
rara foraminibus tenues in se abstrahat auras,
plenius hoc etiam, rigido quia uertice surgens
illinc infestis atque hinc obnoxia uentis
undique diuersas admittere cogitur auras
et coniuratis addit concordia uires,
siue introrsus agunt nubes et nubilus auster
seu fontes flexere caput tergoque feruntur,
praecipiti deiecta solo premit unda fugantque
torrentes auras pulsataque corpora densent.
nam ueluti sonituro horam Tritone canoro

---

283 *postquam in protasi dictum est de spiritu in terra consistente, in apodosi inde ab us. 290 agitur de aquis subterraneis quae spiritum comprimunt*

CSZ, GGf [*usque ad* 287]] **275** haec *G* hae *CSZ* / maxima *CSZ* est optima *G* **276** occulto *ZG* exculto *CS* / terrae natura *G* **277** stultum *scripsi* mutum *Haupt* multos *CS* multo *Z* multum *G* **278** animisque *Z* **279** pallere *G* callere *CSZ* *post* **279** *secuntur in CSZ 259—261 non habet Gf* **280** celesti *Z* / rumpi *G* mundi *CSZ* **281** nosce *Z* / intendat *G* impediat *CSZ* / ignes *ZG* illos *C om. S* **282** repente *CSZ* reperta *G* / multo *CSZG*, *Stroux adfert Stat. Theb. 8, 160* / est *G* **283** cum crescant *Jacob* concrescant *CSZG* / animae *G* animi *CSZ* / forte *CSZ* porta *G* **284** feruent *S* **285** tenues *G* neue *CSZ* **286** uestice *C* / surgens *G* surgit *CSZ* **287** infestis *Jacob* infestus *CSZ* infessa est *G* / uentis *G* uitis *CSZ* **288** admittat *S* / cogitur *Schrader* cogitat *CSZ* **290** introssus *S* / agunt *sc. aquam cf. 293—300* **291** fontes *Stroux* forte *CSZ* / tergoque *corruptum* retroque *Friesemann*, *malim* circumque **292** deiecta *Scaliger* delecta *CSZ* / solo *scripsi* sono *CSZ* / unda *Scaliger* una *CSZ* / fugantque *scripsi* fugatque *CSZ* **293** densent *scripsi* denset *CSZ* **294** ora — canoro *in versu uacuo omisit S* / sonituro horam *scripsi* sonat ora duc [diu *Z*] *CZ* / canoro *Z* cancro *C*

pellit opus collectus aqua uictusque mouere
spiritus et longas emugit bucina uoces
carmineque irriguo magnis cortina theatris
imparibus numerosa modis canit arte regentis,
quae tenuem impellens animam subremigat unda,
haud aliter summota furens torrentibus aura
pugnat in angusto et magnum commurmurat Aetna.
credendum est etiam uentorum existere causas
sub terra similis harum quas cernimus extra,
ut, cum densa premant inter se corpora, turba
elisa in uacuum fugiant et proxima secum
momine tota trahant, tuta quae in sede resistant.
non dubium rupis aliquas penitusque cauernas
proruere ingenti sonitu casuque propinquas
diffugere impellique animas, hinc crescere uentos.
quod si forte mihi quaedam discordia tecum est,
principiis aliis credas consurgere uentos
aut umore etiam nebulas ⟨se⟩ effundere largo,
ut campis agrisque solent quos adluit amnis.
uallibus exoriens caligat nubilus aer,
flumina parua ferunt auras, uis proxima uento [est]
eminus adspirat, fortis si uerberat umor.
atque haec in uacuo si tanta potentia rorum est,
hoc plura efficiant infra clusique necesse est.
his agitur causis extra penitusque coactos
exagitant uentos, pugnans in faucibus arte
pugnantis suffocat iter. uelut unda profundo
terque quaterque exhausta grauis ubi perbibit euros,

C, *S* [*inde a 304–346 uersuum fines detruncati*], *Z*] **295** opus *Z* opes *CS* / aqua *Alzinger* aquae *CSZ* **297** irriguoque *S* **298** arte *Z* arta *C* asta *S* **300** aliter *om. S* **301** augusto *S* **302** causas Z^2 causam *CSZ* **303** *fere totus abscissus in S* / terra *Z* terras *CS* **304** premant *Baehrens* cremant *CSZ* / turba *Z* turbant *C* **306** momine *Gronov* nomina *CSZ* / trahant Z^2 trahunt *CSZ* **307. 308** *collocaui post 311* **310** proruere *Itali* prouehere *CSZ* **311** cernere *Z* **312** se *Haupt om. CSZ* **313** ut *Itali* aut *CSZ* / adluit *Haupt* abluit *C* obluit *Z* **315** uis Z^2 uix *CZ* / est *deleui* **316** eminus *C* et minus *SZ* / si *scripsi* et *CSZ* **317** uacuo Z^2 uacuos *CSZ* / rorum *Jacob* rerum *CZ* **318** efficiunt *Z* / infra *CSZ* intra *Scaliger* **319** agitur] *conicio* animae / coactos *Munro* coactus *CZ* **320** pugnans *scripsi* pugnant *CSZ* **321** inter *Z* **322** perbibit *Itali* perhibit *C* perbibere *Z*

ingeminant fluctus et primos ultimus urget,
haud secus adstrictus certamine tunditur ictu
spiritus inuoluensque suo sibi pondere uires
densa per ardentes exercet corpora uires
et quacunque iter est, properat transitque morantem,
donec confluuio ueluti siponibus actus
exilit atque furens tota uomit igneus Aetna.
quod si forte putas isdem decurrere uentos
faucibus atque isdem pulsos remeare, notandas
res oculis locus ipse dabit cogetque negare.
quamuis caeruleo siccus Ioue fulgeat aether
purpureoque rubens surgat iubar aureus ostro,
illinc obscura semper caligine nubes
pigraque diffuso circum stupet unica uoltu
prospectans sublimis opus uastosque recessus.
non illam bibit Aetna nec ullo intercipit aestu;
obsequitur quacumque iubet leuis aura, reditque.
placantis etiam caelestia numina ture
summo cerne iugo uel qua liberrimus Aetnae
introspectus hiat, tantarum semina rerum,
si nihil irritet flammas stupeatque profundum.
hinc igitur, credis, terrenus spiritus ille,
qui rupis terramque rotat, qui fulminat ignis,
cum rexit uires et praeceps flexit habenas,
praesertim ipsa suo declinia pondere numquam
corpora deripiat ualidoque absorbeat aestu?
quor, si fallor, abest species tantusque ruentis

CZ, S inde ab 347 deficit] **323** primos ult (*cet. absc.*) *S* primus ultimos [ultimus *Z*] *CZ* **324** tunditur *Stroux* tangitur *CZ* **325** inuouensque *S* **326** uires *CZ sensu postulatur* uentos **328** siponibus actus *CS om. Z* **330** decurre *C* **331** atque *Z* autque *CS* / isdem *Itali* idem *CSZ* / pulsos *Itali* pulsis *CSZ* / notandas *Itali* notanda *CZ* **333** fugiat *Z* **336** diffuso *scripsi* defuso *CSZ* / unica *scripsi* umida *CSZ* **337** prospectans *Munro* prospectant *CSZ* / uastusque *C* / recessus *Itali* receptus *CZ* **338** bibit *Haupt* uidet *CSZ* **341** aetnae Z^2 aetna *CZ* **342** introspectus *Schrader* inprospectus *CSZ* **343** irritet *Z* irridet *CS* **344** hinc *Haupt* huic *CSZ* / terrenus *scripsi* torrens ut *CSZ* / ille *Scaliger* illi *CZ* **345** rotat *Jacob* notat *CSZ* **346** cur exit *Z* **347** declinia *Ellis* decliuia *CZ* **348** deripiat *Leclerc* diripiant *CZ* / absorbeat *Baehrens* absolueret *CZ* / aestu *Wernsdorf* arcu *CZ* **349** quor *scripsi* quod *CZ* / abest *Schrader* adest *CZ* / ruentis *Baehrens* ruinis *CZ*

impetus attentos oculorum transfugit ictus?
nec leuiter tactos digitos fert aura mouetque,
sparsa liquore manus sacros ubi uentilat ignis,
uerberat aura tamen pulsataque corpora nostris
incursant: adeo in tenui uim causa repellit.
non cinerem stipulamue leuem, non arida sorbet
gramina, non tenuis plantis humus excita praeda est,
surgit adoratis sublimis fumus ab aris:
tanta quies illi est et pax innoxia rapti.
siue peregrinis igitur propriisue potentes
coniurant animae causis, ille impetus ignes
et montis partes atra subuectat harena
uastaque concursu trepidantia saxa fragores
ardentisque simul flammas ac fulmina rumpunt
haud aliter quam cum prono iacuere sub austro
aut aquilone, fremunt siluae, dant bracchia nodo
implicitae et serpunt iunctis incendia ramis.
nec te decipiant stolidi mendacia uulgi
exhaustos cessare sinus, dare tempora, rursus
ut rapiant uires repetantque in proelia uicti.
pelle nefas animis mendacemque exue famam.
non est diuinis tam sordida rebus egestas
nec paruas mendicat opes nec corrogat auras.
praesto sunt operae uentorum examina semper,
causa latet quae rumpat iter cogatque morari.
saepe premit fauces magnis exstructa ruinis
congeries clauditque uias luctamine ab imo
et scisso ueluti tecti sub pondere praestat
haud simili teneros cursu: tum frigida monti

CZ] **351** leuiter tactos *Baehrens* leuitas tantos *CZ* / digitos *Stroux* igitur *CZ* / fert *scripsi* ferit *CZ* **353** uerberat aura *Stroux* uerberat ora *C* uerberata *Z* / nostris *C* nostra *Z* **354** causa *C* causam *Z* **356** humus excita predas *C* exit humus apredas *Z* **358** illi *scil.* fumo **359** propriisue *Scaliger* propriisque *CZ* / potentis *CZ* **360** ignis *Z* **361** atra *C* atras *Z* **362** fragoris *CZ* **366** et *Vollmer* haec *CZ* ac *Wernsdorf* **369** ut *Itali* aut *CZ* **370** animis *scripsi* animi *CZ* animo *Itali* / flammam *Z* **371** diuinis *Itali* diuitiis *CZ* / tam *Itali* iam *CZ* **372** paruo *Z* **374** cause latent *Z* / quae rumpat iter *C* quaerunt pariter *Z* **376** luctamine Z^{2} luctamen *Z* luctamur *C* luctatur C^{corr} **377** et scisso *C* escisso *Z* / tecti *scripsi* tecto *CZ* **378** simili *scripsi* similis *CZ* / cursu tum *Jacob* cursu cum *C* cur secum *Z*

desidia est tutoque licet descendere fauces.
post, ubi concreuere mora, uelocius urgent,
pellunt oppositi moles ac uincula rumpunt.
quicquid in oblicum est, frangunt iter, acrior ictu
impetus exoritur, magnis operata rapinis
flamma micat latosque ruens exundat in agros.
sic cessata diu referunt spectacula uenti.

Nunc superant quaecumque regant incendia siluae,
quae flammas alimenta uocent, quid nutriat Aetnam.
incendi poterunt illis uernacula causis
materia appositumque igni genus utile terrae.
uritur assidue calidus nunc sulphuris umor,
nunc spissus crebro praebetur alumine sucus;
pingue bitumen adest, et quicquid comminus acris
irritat flammas, illius corporis Aetna est.
atque hanc materiam penitus discurrere fontes
infectae ructantur aquae radice sub ipsa;
pars oculis manifesta iacet, quae robore dura est,
at lapidum pingui feruent incendia suco;
quin etiam uarie quaedam sine nomine saxa
toto monte liquent. illis custodia flammae
uera tenaxque data est, sed maxima causa molaris
illius incendi lapis est, hic uindicat Aetnam.
quem si forte manu teneas ac robore cernas,
nec feruere putes, ignem nec spargere posse;
sed simul ac ferro quaeras, respondet et ictu
scintillat dolor. hunc multis circum inice flammis
et patere extorquere animos atque exue robur:
fundetur ferrum citius, non mobilis illi
et metuens natura mali est, uix uritur igni.

CZ] **379** descendere Z^2 discedere *CZ* / fauces *scripsi* montes *CZ* **380** concreuere *scripsi* conticuere *CZ* **385** sic *Maehly* si *CZ* / cessata diu referunt *C* cessat ad iure ferunt *Z* **387** aetna *Z* **389** terrae *Wernsdorf* terrent *CZ* **391** alumine *Jacob* numine *CZ* / siccus *Z* **395** ructantur *scripsi* eructantur *Sudhaus* eripiantur *CZ* / aquae *Z* atque *C* **397** at lapidum *scripsi* ac lapis in *CZ* **398** nomine Z^2 numine *CZ* **400** molaris *Z* mola acris *C* **401** incendia *Z* / est *om.* *Z* / hic *Jacob* sic *Z* si *C* **403** feruere *C* fruere *Z* / possem *Z* **405** inice *C* isse *Z* **407** ferrum *scripsi* ferro *CZ* / non *scripsi* nam *CZ* **408** natura mali *Z* naturam alii *C* / uix uritur *scripsi* ubi coritur [uritur Z^2] *CZ*

sed simul atque hausit flammas, non tutior hausti
ulla domus seruans aciem duratque tenaci
saepta fide. tanta est illi patientia uicto,
uix umquam redit in uires atque euomit ignem.
totus enim denso stipatus robore tarde
per tenuis admissa uias incendia nutrit
cunctanterque eadem et pigre concepta remittit.
nec tamen hoc uno quod montis plurima pars est,
uincit et incendi causam tenet ille, profecto
miranda est lapidis uiuax animosaque uirtus.
cetera materies, quaecumque est fertilis igni,
ut semel accensa est, moritur nec restat in illa
quod repetas, tantum cinis et sine semine terra est;
hic semel atque iterum patiens ac mille perhaustis
ignibus instaurat uires nec desinit ante
quam leuis excocto defectus robore pumex
in cinerem putrisque iacet dilapsus harenas.
cerne locis, etiam similis assiste cauernas:
illic materiae pascentis copia maior,
sed genus hoc lapidis, certissima signa coloris,
quod nullas adiunxit opes, elanguit ignis.
dicitur insidiis flagrans Aenaria quondam
nunc extincta super testisque Neapolin inter
et Cumas locus est multis iam frigidus annis,
quamuis aeterno pinguescens ubere sulphur
in mercem legitur; tanto est fecundius Aetna.
insula, cui nomen facies dedit ipsa rotunda,
sulphure non solum nec obesa bitumine terra est
et lapis adiutat generandis ignibus aptus,

---

426 similis ἀπὸ κοινοῦ, *pertinet etiam ad* locis

CZ] **410** duratque *scripsi* duramque *CZ* duransque *Scaliger* **411** fides *Z* / tanta *Scaliger* tutum *CZ* **413** stipatus *Leclerc* stipatur *CZ* / tarde *Z* cardo *C* **415** pigra *Z* / concepta *Munro* coepta *CZ* **417** uincat *Z* **418** lapidis *de Rooy* lapidum *CZ* **422** hic *Itali* sic *CZ* **424** defectus *Haupt* defecit *CZ* **425** iacit *C* / dilapsus *Scaliger* delapsus *CZ* **426** adsisse *Z* **427** pascentis *Schrader* nascentis *CZ* **429** elanguit *Jacob* et languit *CZ* **430** insidiis *CZ*, *conicio* assidue / enarea *CZ* **431** tectisque *Z* / neapolis *Z* **432** est Z^2 et *C* sed *Z* **433** aeterno *Vollmer* aeternum *CZ* / pinguescens *scripsi* pinguescat et *CZ* **434** aetnae *Z* **436** bitumine *C* atimine *Z* **437** generandis *C* gerendis *Z*

sed raro fumat, quin uix, si accenditur, ardet,
in breue mortalis flammas quod copia nutrit.
in sola durat Volcani nomine sacra,
pars tamen incendi maior refrixit et alto
iactatas recipit classes portuque tuetur;
quae restat, minor et diues satis ubere terra est,
sed non Aetnaeae uires quae conferat illi.
atque haec ipsa tamen iam quondam exstincta fuisset,
ni furtim adgereret Siculi uicinia montis
materiam siluamque suam pressoue canali
huc illuc ageret uentos et pasceret ignes.

sed melius res ipsa notis spectataque ueris
occurrit signis nec temptat fallere testem.
nam circa latera atque imis radicibus Aetnae
candentes efflant lapides disiectaque saxa
intersunt uenis, manifesto ut credere possis
pabula et ardendi causam lapidem esse molarem,
cuius defectus ieiunos conficit ignes.
ille ubi collegit flammas, iacit et simul ictu
materiam accendit cogitque liquescere secum.
haud equidem mirum, facie quae cernimus extra,
si lenitur opus restat; magis uritur illic
sollicitatque magis uicina incendia saxum
certaque uenturae praemittit pignora flammae.
nam simul atque mouet uiris turbamque minatum
diffugit exemploque solum trahit ictaque ramis,
et graue sub terra murmur demonstrat et ignes.
tum pauidum fugere et sacris concedere rebus

460 saxum = *lapis molaris* **463** icta *est neutr. plur.*

CZ] **438** quin *Itali* qui *CZ* **440** in sola durat [*scil.* incendium] *scripsi* insula durata *CZ* **441** maiore frixit *C* **442** iactata *C* **444** Aetnaeae *scripsi* aethnei *CZ* **446** furtim Z^2 furtum *CZ* / adgereret *Itali* adgeneret *CZ* / siculi uicinia montis *C om. Z* **448** pasceret *Itali* posceret *CZ* **449** notis *C* nocte *Z* / ueris *Itali* uenis *Z* uentis *C* **450** testem *Haupt* pestem *CZ* **452** saxi *Z* **453** intersunt *scripsi* intereunt *CZ* **455** conficit *Maehly* colligit *CZ* **456** iacit *Itali* iacet *CZ* **458** facie *C* fate *Z* **459** lenitur opus restat *CZ*, *coniecerim* nil inter opus praestant **462** uiris *C* curis *Z* / minatum *scripsi* minatus *C* minutus *Z* **463** ex-temploque *Z* **465** concedere *CZ* confugere Z^2

par erit: e tuto speculaberis omnia collis.
nam subito efferuent onerosa incendia raptis,
accensae subeunt moles truncasque ruinae
prouoluunt atque atra sonant examina harenae.
illinc incertae facies hominumque figurae.
pars lapidum domita est, acri pars robore pugnat
nec recipit flammas; hinc ⟨iam⟩ defessus anhelat
atque aperit se hosti, decrescit spiritus illic,
haud aliter quam cum laeto deuicta tropaeo
prona iacet campis acies et castra sub ipsa.
tum si quis lapidum summo pertabuit igni,
asperior scabies et quaedam sordida faex est
qualem purgato cernas desidere ferro.
uerum ubi paulatim exiluit sublata caducis
congeries saxis, angusto uertice surgens,
sic ueluti in fornace lapis torretur et omnis
exustus penitus uenis subit altius umor,
amissis opibus leuis et sine pondere pumex
excutitur, liquor ille magis feruere magisque
fluminis in speciem mitis procedere tandem
incipit ac pronis demittit collibus undas.
illae paulatim bis sena in milia pergunt,
quippe nihil reuocat, certis nihil ignibus obstat,
nulla tenet moles, frustra simul omnia pugnant.
nunc siluae rupesque notant haec tela solumque
ipsum adiutat opus faciesque sibi induit amnis.
quod si forte cauis cunctatus uallibus haesit,
utpote inaequalis uoluens per pascitur agros,

CZ] **466** par erit *Scaliger* parere *CZ* / e *Scaliger* et *CS* / collis *CZ* colli *Itali* **468** truncasque *scripsi* truncaeque *CZ* **470. 471** *om. Z* **471** est acri *scripsi* stanti *C* est stantis *Munro* / robore pugnat *scripsi* robora pugnae *C* **472** recipit *Z* repit *C* / iam *add. Schenkl* defessus Z^2 desfessus *Z* defensus *C* **473** hosti *Scaliger* hostis *CZ* **477** scabies *scripsi* sopita es *CZ* scabres *Scaliger* / fax *Z* **478** cernas *Munro* cernes *CZ* **480** surgens *Jacob* surgunt *CZ* **484** feruere *C* seruare *Z* **486** pronis *Suringar* prunis *C* primis *Z* / demittit *Itali* dimittit *CZ* **488** certis *Wernsdorf* curtis *CZ* **489** moles frustra *scripsi* frustra moles *CZ* **490** nunc *CZ conicio* nec / notant haec tela *CZ conicio* uetant nec tecta **491** ipsum *Leclerc* ipsa *CZ* / opus *Haupt* opes *CZ* / faciesque *scripsi* facilesque *CZ* faciemque *Haupt* / annis *Z* **492** uasibus *Z*

ingeminat fluctus et stantibus increpat undis,
sicut cum rapido curuum mare cernitur aestu.
at primum tenuis si massa agit ulla rigores,
progrediens lente diffunditur et sua certis
flumina consistunt ripis ac frigore durant
paulatimque ignes coeunt ac flammea massis
exuitur facies. tum prima ut quaeque rigescit,
effumat moles atque ipso pondere tracta
uoluitur ingenti strepitu praecepsque sonanti
cum solido inflicta est, pulsati dissipat ictus
et quae disclusa est, candenti robore fulget.
emicat examen plagis, ardentia saxa
scintillae procul esse fides, procul ecce ruentes
incolumi feruore cadunt. uerum impetus ignes
Symaethi quondam ut ripas traiecerit amnis,
uix iunctas quisquam fixo dinouerit illas;
uicenos per saepe pedes iacet obruta moles.
sed frustra certis disponere singula causis
temptamus, si firma manet tibi fabula mendax,
materiam ut credas aliam fluere igne, fauillae
flumina proprietate simul concrescere siue
commixtum lento flagrare bitumine sulphur;
nam posse exusto cretam quoque robore fundi
et figulos huic esse fidem, dein frigoris usu
duritiem reuocare suam et constringere uenas.
sed signum commune leue est atque irrita causa
quae trepidat: certo uerum tibi pignore constat.

CZ] **494** ingeminat *Itali* ingeminant *CZ* **495** rapido *scripsi* rapidum *CZ* / curuum Z^2 curuo *CZ* / cernitur *scripsi* cernulus *CZ* cernimus *Munro* **496** ad Z^2 ac *CZ* / si massa *scripsi* si mas *Z* imas *C* / ulla rigores *scripsi* ulteriores *CZ* **497** lente *scripsi* late *CZ* sua certis *scripsi* succernens *CZ* **499** massis *D'Orville* messis *CZ* **502** sonanti *CZ conicio* sedenti **503** inflexa *CZ* inflixa *Scaliger* pulsati *scripsi* pulsantis *CZ* **506** scintillae [*nom. pl., cf. 517*] *Haupt* scintillas *C* scintilla *Z* / fide *Z* / ecce *Scaliger* esse *CZ* / ruentis *C* ruentem *Z* **508** simethi *C* si uel fumanti et hii *Z* **509** iunctas *scripsi* iunctis *CZ* / dinouerit *scripsi* dimouerit *CZ* **510** uicenos *Itali* uicinos *CZ* / pedes *D'Orville* dies *CZ* **513** fruere *Z* / fauillae *Leclerc* fauilla *C* fauillam *Z* **514** flumina *C* plurima *Z* / propietate *Z* **516** posse . . . fundi *Wernsdorf* post . . . fundit *CZ* / exusto *Sudhaus* exustam *CZ* / robora *Z* **518** duritiem *C* iam *Z* **520** tripidat *C* / certo *Itali* certe *C om. Z* / tibi *C* ubi *Z*

nam uelut arguti natura est aeris, et igni
cum domitum est, constans eademque et robore saluo
ultroque ut possis aeris cognoscere portam,
haud aliter lapis ille tenet, seu forte madentes
effluit in flammas siue est securus ab illis,
conseruatque notas nec uultum perdidit ignis.
quin etiam externam multis color ipse refellit
non odor aut leuitas putris magis illa magisque;
una operis facies, eadem perque omnia terra est.
nec tamen infitior lapides ardescere certos,
interius furere accensos; haec propria uirtus.
quin ipsis quondam Siculi cognomina saxis
imposuere ryacas et ipso nomine signant
fusilis esse notae. numquam tamen illa liquescent,
quamuis materies foueat sucosior intus,
ni penitus uenae fuerint commixta molari.
quod si quis lapidis miratur fusile robur,
cogitet obscuri uerissima dicta libelli,
Heraclite, tui, nihil insuperabile gigni,
omniaque aeternum natura semina iacta.
sed minime hoc mirum. densissima corpora saepe
et solido uicina tamen compescimus igni.
non animos aeris flammis succumbere cernis?
lentitiem plumbi non exuit? ipsaque ferri
materies praedura tamen subuertitur igni
spissaque suspensis fornacibus aurea saxa

---

544 exuit *scil.* ignis

CZ] **521** natura est *C* naturae *Z* / igni *Scaliger* ignis *CZ* **522** cum domitum *C* condomitum *Z* / constans *Haupt* constat *CZ* **523** ultroque *scripsi* ultraque *CZ* utramque Z^2 **526** uultu *Z* **527** externam multis *CZ*, *conicio* externo montis / refellit *C* resiliuit *Z* resoluit Z^2 **528** non odor *CZ*, *conicio* nigrore / illa *scripsi* ille *CZ* **531** interius *Z* interitus *C* / accenso *C* / propria *Itali* propala *CZ* **532** qui in *C* / quondam *Munro* quaedam *CZ* **533** ryacas *Kaibel* fridicas *C* phricas *Z* / et Z^2 etiam *CZ* / nomine signant *Z* omine significarit *C* **534** fusiles *Z* / notae *Maehly* notas *CZ* / liquescent *Haupt* liquescunt *CZ* **536** ni *Leclerc* nec *CZ* / commixta *Haupt* commissa *CZ* **537** lapidis *Itali* lapides *CZ* / fisile *Z* **539** Heraclite tui nihil *C* eradicet ubi nihil *Z* **540** aeternum *Stroux* rerum *CZ* **541** minime *Haupt* nimium *CZ* **543** non animos aeris *C* nam animo seruis *Z* **544** lenitiem *C*

exsudant pretium et quaedam fortasse profundo
incomperta iacent similique obnoxia sorti.
nec locus ingenio est, oculi te iudice uincent.
nam lapis ille riget praeclususque ignibus obstat,
si paruis torquere uelis caeloque patenti;
candenti pressoque agedum fornace coerce,
nec sufferre potest nec saeuum durat in hostem,
uincitur et soluit uires captusque liquescit.
quae maiora putas autem tormenta mouere
posse manu, quae tanta putas incendia nostris
sustentare opibus, quantis fornacibus Aetna
uritur ac sacro numquam non fertilis igni
et non qui nostro feruet moderatior usu,
sed caelo propior uel quali Iuppiter ipse
armatus flamma est? his uiribus additur ingens
spiritus adstrictis elisus faucibus, ut cum
fabriles operae rudibus contendere massis
festinant, ignes quatiunt follesque tumentes
exanimant pressoque instigant agmine uentum.
  haec operis forma est, sic nobilis uritur Aetna;
terra foraminibus uires trahit, urget in artum,
spiritus incendit, uiuunt per maxima saxa.

  Magnificas laudes operosaque uisere templa
diuitiis hominum aut siqua est memorare uetustas,
traducti maria et terras per proxima fatis
currimus atque auidi ueteris mendacia famae
eruimus cunctasque libet perquirere gentes.
nunc iuuat Ogygiis circumdata moenia Thebis

CZ] **548** sorti *Z*² sorte *CZ* **549** ingenio *Itali* ingenium *CZ* **550** nam *Z* nec *C* **551** torquere *Haupt* torrere *C* torre *Z* **552** pressosque *C* **555** moueri *Z* **556** posse manu quae *C* possu manuque *Z* **557** quantis *Itali* tantis *CZ* **558** ac *C* a *Z* / non *Itali* nec *CZ* **559** et *scripsi* sed *CZ* **561** additus *Z* **562** elisis *Z* **564** tumentes *Lindenbruch* trementes *CZ* **565** exanimant *Z*² examinant *CZ* / uentos *Z* **566** forma *Chr. Wolf* fama *CZ* / sic nobilis *Z* ignobilis *C* / uritur *Z*² utitur *CH* **567** artu *Z* **568** incendit *scripsi* incendi *CZ* / uiuunt *Vollmer* uiuit *CZ* **569** uiscere *C* **570** si qua est *Buecheler* sacras *C* sacra *Z* **571** maria *A. de Rooy* materia *CZ* / terras *A. de Rooy* terris *CZ* **573** perquirere *Baehrens* percurrere *CZ*

cernere, quae fratres ille impiger, ille canorus
condere, felicesque alieno intersumus aeuo
inuitata piis nunc carmine saxa lyraque,
nunc gemina ex uno fumantia sacra uapore
mirantes septemque duces raptumque profundo.
detinet Eurotas illic et Sparta Lycurgi
et sacer in bellum numerus, sua turba, trecenti;
nunc hic Cecropiae uariis spectantur Athenae
carminibus gaudentque soli uictrice Minerua;
excidit hic reduci quondam tibi, perfide Theseu,
candida sollicito praemittere uela parenti;
tu quoque Athenarum carmen, iam nobile sidus,
Erigone; sedes uestra est, Philomela, canoris
quae uocat in siluis et tu, soror, hospita tectis
acciperis, solis Tereus ferus exulat agris.
miramur Troiae cineres et flebile uictis
Pergamon exstinctosque suo Phrygas Hectore; paruum
conspicimus magni tumulum ducis, hic et Achilles
impiger et uictus magni iacet Hectoris ultor.
quin etiam Graiae fixos tenuere tabellae
signaue, nunc Paphiae rorantes arte capilli,
sub truce nunc parui ludentes Colchide nati,
nunc tristes circa subiecta altaria ceruae
uelatusque pater, nunc gloria uiua Myronis,
et iam mille manus operum turbaeque morantur.
haec uisenda putas terrae dubiusque marisque?
artificis naturae ingens opus aspice, nulla

---

575. 576 *coniungas* impiger (fuit) condere

CZ] **576** intersumma *Z* **578** sacra *Scaliger* saxa *CZ* **579** mirantes *scripsi* miramur *CZ* **580** Sparta *Itali* sparsa *CZ* **581** trecenti *Sudhaus* recenti *CZ* **582** cecropiae Z^2 cycropiae *C* ceto parie *Z* / athenae Z^2 athenis *CZ* **583** soli *C* sui *Z* **585** permittere *Z* **586** iam *Itali* tam *CZ* / sidus *C* fidus *Z* **587** est phylomella *C* amphilonia *Z* **588** quae uocat *scripsi* euocat *CZ* **591** exstinctusque *C* / suos *Z* / hecton *Z* **592** tumultum *C* **593** uictum *Z* **594** fixos tenuere tabellae *Itali* fixas timuere tabellas *CZ* **595** paphiae *Itali* paflae *CZ* / rorantes *Itali* rorantia *CZ* / arte *Scaliger* parte *CZ* / capilli *Itali* camilli *CZ* **599** mille *Haupt* illa *CZ* / morantur *Itali* moranter *C* morantem *Z* **600** terrae Z^2 terra *CZ* **601** nature Z^2 natura *CZ*

cum tanta humanis rebus spectacula cernes,
praecipueque uigil, feruens ubi Sirius ardet.
insequitur miranda tamen sua fabula montem
nec minus ille pio quam qui sons, nobilis igni.
nam quondam ruptis excanduit Aetna cauernis
et uelut euersis penitus fornacibus ingens
euecta in longum lapidis feruoribus unda,
haud aliter quam cum saeuo Ioue fulgurat aether
et nitidum obscura caelum caligine torquet.
ardebant agris segetes et milia culta
iugera cum dominis, siluae collesque rubebant.
uix, dum castra putant hostem mouisse, tremebant,
et iam finitimae portas inuaserat urbis.
tum uero ut cuique est animus uiresque, rapina
tutari conantur opes, gemit ille sub auro,
colligit ille arma et stulta ceruice reponit,
defectum raptis illum sua sarcina tardat,
hic uelox minimo properat sub pondere pauper,
et quod cuique fuit cari, fugit ipse sub illo,
sed non incolumis dominum sua praeda secuta est.
cunctantis uorat ignis et undique torret auaros
consequiturque ratis fugisse et praemia captis
cum crepitu nullis parsura incendia pascunt
uel solis parsura piis. namque optima proles
Amphion fraterque pari sub munere sortis
cum iam uicinis streperent incendia tectis,
aspiciunt pigrumque patrem matremque senemque
eheu defessos posuisse in limine membra.

CZ] **602** rebus *Itali* phoebus *CZ* **603** ardens *Z* **605** quam qui sons *Sauppe* quamquam sors *CZ* quam quo sons *Baehrens* / igni est *Jacob* ignis *CZ* **606** quondam *C* quando *Z* **607** ingens *Scaliger* ignes *CZ* **608** et uecta *Z* **611** culta *scripsi* cultu *CZ* **612** rubebant *Munro* urebant *C* uirebant *Z* **613** nouisse *C* **614** inuaserat *Scaliger* euaserat *CZ* **615** animus — rapina *Itali* animus uirescera pinae *C* animis uiresque rapinis *Z* **616** opus *Z* **618** sarcina tardat *Jacob* carmina tardant *CZ* **619** minimo *Dorat* nimio *CZ* **622** cunctantis *C* cum tantos *Z* **623** consequitur *Z* / ratis fugisse *Buecheler* fugisse ratis *CZ* **624** cum crepitu *scripsi* concrepat ac *CZ* **625** parsura *Itali* sparsura *CZ* / piis *Itali* dees *CZ* **626** sortis Z^2 fontis *CZ* **627** uicinis *Z* incinis *C* **629** eheu *C* seu *Z* / defossos *C* / posuisse in *Scaliger* posuissent *CZ*

parcite, auara manus, dites attollere praedas,
illis diuitiae solae materque paterque.
hanc rapiunt praedam mediumque exire per ignem
ipso dante fidem properant. o maxima rerum
et merito pietas homini tutissima uirtus.
erubuere pios iuuenes attingere flammae
et quacumque ferunt illi uestigia, cedunt.
felix illa dies, illa est innoxia terra:
dextra saeua tenet laeuaque incendia. fertur
ille per obliquos ignis fraterque triumphans,
tutus uterque pio sub pondere. suspicit illa
et circa geminos auidus sibi temperat ignis.
incolumes abeunt tandem et sua numina secum
salua ferunt. illos mirantur carmina uatum,
illos seposuit claro sub nomine Ditis
nec sanctos iuuenes attingunt sordida fata,
sed curae cessere domus et rura Piorum.

CZ, *E* [633. 634 o—uirtus] **630** manus dites *Itali* manduces *C* manducens *C*corr manu dicens *Z* / attollite *Z* **631** diuitiae *Z*² diuinae *CZ* **632** rapiunt *Itali* rapies *CZ* **635** flammae *Z*² flamma *C* flammam *Z* **636** quacumque *Z*² quaecumque *CZ* **637** terrae *Z* **638** dextera *CZ* / fertur *Buecheler* ferunt *C* feruent *C*corr *Z* **639** fraterque *Itali* fratremque *CZ* **640** suspicit *scripsi* sufficit *CZ* / illam *Z* **641** gemines *C* / ignes *C* **644** illos seposuit *Scaliger* illo se posuit *CZ* **645** fata *Z*² facta *CZ* **646** curae *C* iure *Z* / rura *Heinsius cl. Conon 43* iura *CZ*

Kleine Texte für Vorlesungen und Übungen

Herausgegeben von **Hans Lietzmann**

Die vorliegende Textsammlung umfaßt bisher 165 Bände aus folgenden Gebieten: Alte Philologie — Germanische Philologie — Orientalische Sprachen — Theologie und Religionswissenschaft — Geschichte, Staatswissenschaft.

Ein ausführliches systematisches Verzeichnis steht kostenlos zur Verfügung.

Nachstehend eine Auswahl:

Lateinische Autoren.

69 POETARUM ROMANORUM VETERUM reliquiae selegit E. Diehl. 165 S. 1911. 2.50

71 CICEROS REDE FÜR T. ANNIUS MILO. Mit dem commentar des Asconius und den Bobienser Scholien. Hrsg. von P. Wessner. 74 S. 1911. 1.20, geb. 2.20

72 DIE VITAE VERGILIANAE und ihre antiken Quellen. Hrsg. von E. Diehl. 60 S. 1911. —.90

80 VERGIL AENEIS II, mit dem commentar des Servius. Hrsg. von E. Diehl. 131 S. 1911. 2.—, geb. 3.—

134 P. VERGILI MARONIS BUCOLICA. Cum auctoribus et imitatoribus in usum scholarum edidit C. Hosius. 64 S. 1915. 2.—, geb. 3.—

147 OCTAVIA PRAETEXTA cum elementis commentarii. Edidit Carolus Hosius. 72 S. 1922. 2.25

154 L. ANNAEI SENECAE divi Claudii apotheosis per saturam quae apocolocyntosis vulgo dicitur. Edidit Otto Rossbach. 18 S. 1926. —.80

Vulgärlatein.

26/28 LATEINISCHE ALTCHRISTLICHE INSCHRIFTEN mit einem anhang jüdischer inschriften. Ausgew. u. erkl. von E. Diehl. 2. Aufl. 86 S. 1913. 2.75

62 VULGÄRLATEINISCHE INSCHRIFTEN. Hrsg. von E. Diehl. 180 S. 1910. 5.60

143 VULGÄRLATEINISCHES ÜBUNGSBUCH. Hrsg. von F. Slotty. 65 S. Neudruck. 1929. 2.—

Kolibri 360 GmbH
Ferdinand-Jühlke-Straße 7
99095 Erfurt, Deutschland
produktsicherheit@kolibri360.de